英国数学真简单团队/编著　华云鹏 刘舒宁/译

DK儿童数学分级阅读 第四辑

分数和小数

数学真简单！

电子工业出版社·

Publishing House of Electronics Industry

北京·BEIJING

Original Title: Maths—No Problem! Fractions, Ages 8–9 (Key Stage 2)

Copyright © Maths—No Problem!, 2022

A Penguin Random House Company

版权贸易合同登记号　图字：01-2024-1631

图书在版编目（CIP）数据

DK儿童数学分级阅读. 第四辑. 分数和小数 / 英国数学真简单团队编著；华云鹏，刘舒宁译. --北京：电子工业出版社，2024.5

ISBN 978-7-121-47749-2

Ⅰ. ①D⋯　Ⅱ. ①英⋯　②华⋯　③刘⋯　Ⅲ. ①数学—儿童读物　Ⅳ. ①O1-49

中国国家版本馆CIP数据核字（2024）第082171号

出版社感谢以下作者和顾问：Andy Psarianos, Judy Hornigold, Adam Gifford和Anne Hermanson博士。

已获Colophon Foundry的许可使用Castledown字体。

责任编辑：苏　琪　文字编辑：高　菲

印　　　刷：鸿博昊天科技有限公司

装　　　订：鸿博昊天科技有限公司

出版发行：电子工业出版社

　　　　　北京市海淀区万寿路173信箱　　邮编：100036

开　　本：889×1194　1/16　印张：18　　字数：303千字

版　　次：2024年5月第1版

印　　次：2024年11月第2次印刷

定　　价：128.00元（全6册）

凡所购买电子工业出版社图书有缺损问题，请向购买书店调换。若书店售缺，请与本社发行部联系，联系及邮购电话：（010）88254888，88258888。

质量投诉请发邮件至zlts@phei.com.cn，盗版侵权举报请发邮件至dbqq@phei.com.cn。

本书咨询联系方式：（010）88254161转1868，suq@phei.com.cn。

www.dk.com

目 录

鲁比   艾略特   阿米拉   查尔斯   露露   萨姆   奥克   霍莉   拉维   艾玛   雅各布   汉娜

百分之几的计算

准 备

查尔斯、霍莉和雅各布在玩游戏，他们用棋盘来记录各自的分数。每个方格相当于1分。所有这100个方格都填满时，游戏结束。

到目前为止，每个小朋友分别占了棋盘的多少比例？

举 例

查尔斯填的格子如右图所示 。
他占了棋盘的百分之一。

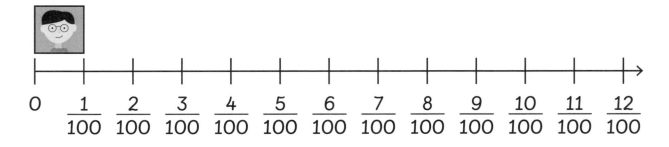

查尔斯占了棋盘的 $\frac{1}{100}$。

霍莉填的格子如右图所示 。
她占了棋盘的百分之七。

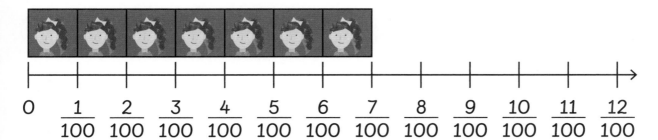

霍莉占了棋盘的 $\dfrac{7}{100}$。

雅各布填的格子如右图所示 。

他占了棋盘的百分之十一。

雅各布占了棋盘的 $\dfrac{11}{100}$。

$\dfrac{1}{100}, \dfrac{2}{100}, \dfrac{3}{100},$

$\dfrac{4}{100}, \dfrac{5}{100}, \dfrac{6}{100}, \dfrac{7}{100}, \dfrac{8}{100},$

$\dfrac{9}{100}, \dfrac{10}{100}, \dfrac{11}{100}$

练 习

❶ 求出每个图形中阴影部分所占的比例。

(1)

(2)

(3)

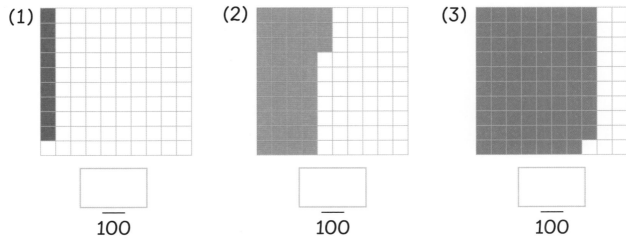

$\dfrac{}{100}$ $\dfrac{}{100}$ $\dfrac{}{100}$

❷ 在数线上填一填。

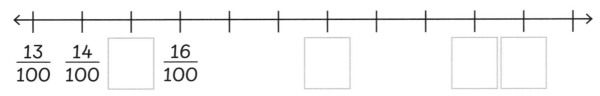

$\dfrac{13}{100}$ $\dfrac{14}{100}$ $\Box$ $\dfrac{16}{100}$

带分数

准 备

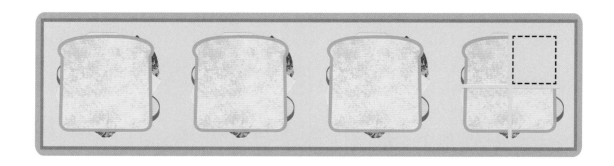

托盘上有多少个三明治？

举 例

 有3个完整的三明治。

还有 $\frac{3}{4}$ 个三明治。

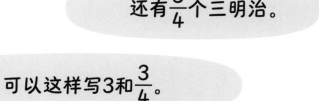 可以这样写3和 $\frac{3}{4}$ 。

$$3 + \frac{3}{4} = 3\frac{3}{4}$$

$3\frac{3}{4}$ 是个带分数。

托盘上有 $3\frac{3}{4}$ 个三明治。

图中表示的带分数是几？

 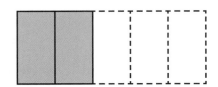

 这是1。

 这是 $\frac{2}{5}$。

 一个整数和一个分数放在一起代表它俩相加。

$1 + \frac{2}{5} = 1\frac{2}{5}$

一加五分之二等于一又五分之二。

$1\frac{2}{5}$ 是一个带分数。

 一个整数和一个分数合成的数，叫作带分数。

五分之一、五分之一地数，求出图中表示的数字。

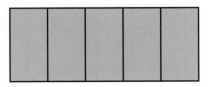 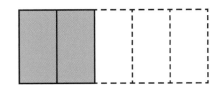

 $\frac{1}{5}, \frac{2}{5}, \frac{3}{5}, \frac{4}{5}, 1, 1\frac{1}{5}, 1\frac{2}{5}$

1 一共有多少块布朗尼蛋糕？

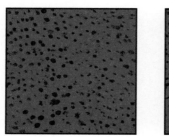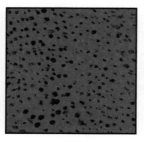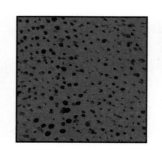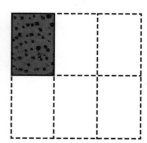

$$\boxed{} + \frac{\boxed{}}{\boxed{}} = \frac{\boxed{}}{\boxed{}}$$

一共有 $\boxed{}$ 块布朗尼蛋糕。

2 一共有多少行邮票？

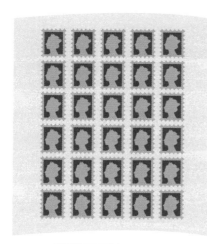

$$6 + \frac{\boxed{}}{\boxed{}} = \boxed{}$$

一共有 $\boxed{}$ 行邮票。

3 图中表示的带分数是多少?

(1)

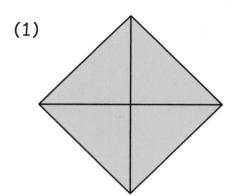 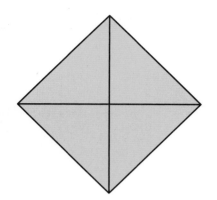 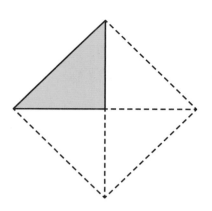

$2 + \dfrac{1}{4} =$ ▢   二加四分之一等于 ▢

(2)

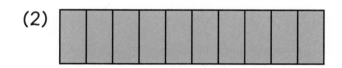   

$1 + \dfrac{3}{10} =$ ▢   一加十分之三等于 ▢

(3)

  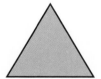

▢ + ▢/▢ = ▢

四加三分之 ▢ 等于 ▢

等值分数

准 备

雅各布说得对吗？

$$\frac{1}{3} \qquad \frac{2}{6}$$

我认为这两个数相等。

举 例

可以分割条形来检查 $\frac{1}{3}$ 和 $\frac{2}{6}$ 是否相等。

我把这个条形平均分成3份。每份是 $\frac{1}{3}$ 。

当 $\frac{1}{3}$ 变成 $\frac{2}{6}$ ，1大份要变成2小份。

$\frac{1}{3}$		

$\frac{1}{6}$	$\frac{1}{6}$				

我把这个条形平均分成6份，每份是 $\frac{1}{6}$ 。

$\frac{1}{3}$ 等于 $\frac{2}{6}$ 。它们是等值分数。

从图中我看出 $\frac{1}{3}$ 等于 $\frac{2}{6}$ 。

雅各布说得对。

$\frac{1}{3}$、$\frac{2}{6}$ 和 $\frac{3}{9}$ 相等吗？

| $\frac{1}{3}$ | | |

| $\frac{1}{6}$ | $\frac{1}{6}$ | | | | |

| $\frac{1}{9}$ | $\frac{1}{9}$ | $\frac{1}{9}$ | | | | | | |

我能看出 $\frac{1}{3}$、$\frac{2}{6}$ 和 $\frac{3}{9}$ 一样大。它们是等值分数。

| $\frac{1}{5}$ | $\frac{1}{5}$ | $\frac{1}{5}$ | | |

| $\frac{1}{10}$ | $\frac{1}{10}$ | $\frac{1}{10}$ | $\frac{1}{10}$ | $\frac{1}{10}$ | $\frac{1}{10}$ | | | | |

| $\frac{1}{15}$ | $\frac{1}{15}$ | $\frac{1}{15}$ | $\frac{1}{15}$ | $\frac{1}{15}$ | $\frac{1}{15}$ | $\frac{1}{15}$ | $\frac{1}{15}$ | $\frac{1}{15}$ | | | | | | |

这些都是等值分数。

$$\frac{3}{5} = \frac{6}{10} = \frac{9}{15}$$

练 习

写出等值分数。

1 $\frac{1}{7} = \frac{\boxed{}}{14} = \frac{3}{\boxed{}}$

2 $\frac{2}{7} = \frac{\boxed{}}{14} = \frac{6}{\boxed{}}$

3 $\frac{3}{10} = \frac{9}{\boxed{}} = \frac{12}{\boxed{}}$

4 $\frac{5}{9} = \frac{\boxed{}}{45} = \frac{50}{\boxed{}}$

带分数的化简

准备

萨姆和阿米拉一起分3整盒巧克力。

  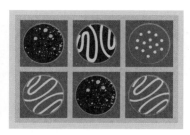

我拿了一整盒加4颗巧克力。

我拿了一整盒加2颗巧克力。

他们俩分别拿了多少盒巧克力？

举例

萨姆拿了一又六分之二盒巧克力。

$1\frac{2}{6}$ 可以化简。

$$\frac{2}{6} = \frac{1}{3}$$

$\div 2$

$\div 2$

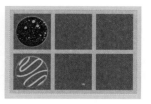

2小份变成1大份。

$1\frac{1}{3}$ 是最简形式。

阿米拉拿了一又六分之四盒巧克力。

化简 $1\frac{4}{6}$。

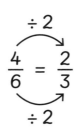 

4小份变成2大份。

$1\frac{2}{3}$ 是最简形式。

萨姆拿了 $1\frac{1}{3}$ 盒巧克力，鲁比拿了 $1\frac{2}{3}$ 盒巧克力。

练 习

1 写出带分数的最简形式。

(1) $1\frac{4}{8}$ = ⬜

(2) $2\frac{3}{9}$ = ⬜

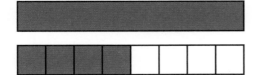

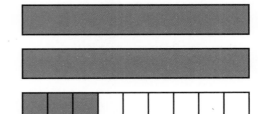

2 化简。

(1) $\frac{6}{8}$ = ⬜

(2) $\frac{8}{10}$ = ⬜

(3) $\frac{10}{12}$ = ⬜

(4) $3\frac{6}{9}$ = ⬜

(5) $7\frac{4}{10}$ = ⬜

(6) $9\frac{9}{12}$ = ⬜

分数的加法

准备

你能帮小朋友们算出这些等式吗？

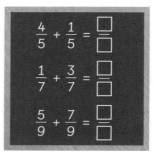

$$\frac{4}{5} + \frac{1}{5} = \square\square$$

$$\frac{1}{7} + \frac{3}{7} = \square\square$$

$$\frac{5}{9} + \frac{7}{9} = \square\square$$

举例

$$\frac{4}{5} + \frac{1}{5} = \frac{5}{5}$$

五分之一和五分之四相加是五分之五。

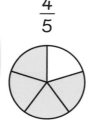 $+$ 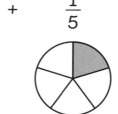 $=$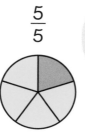

$\frac{4}{5}$ $+$ $\frac{1}{5}$ $=$ $\frac{5}{5}$

五分之五就是一。

$\frac{1}{7}$ $+$ $\frac{3}{7}$ $=$ $\frac{4}{7}$

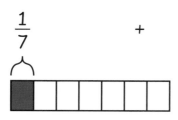 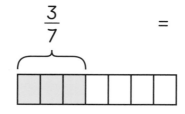 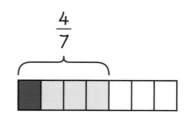

七分之一和七分之三相加是七分之四。

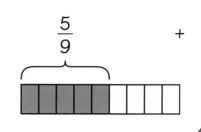
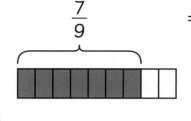
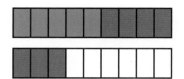

$$\frac{4}{5} + \frac{1}{5} = 1$$

$$\frac{1}{7} + \frac{3}{7} = \frac{4}{7}$$

$$\frac{5}{9} + \frac{7}{9} = 1\frac{3}{9}$$

九分之五加九分之七等于九分之十二。九分之十二比1大。可以把九分之十二写成一又九分之三。

练 习

1 填一填。

(1)

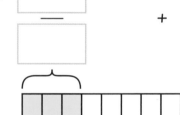

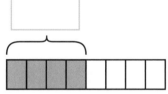
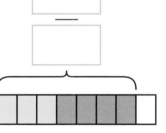

(2)

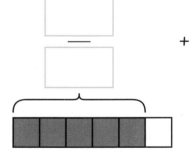

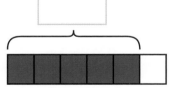
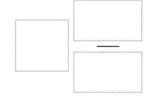

2 (1) $\frac{2}{7} + \frac{1}{7} = \boxed{}$

(2) $\frac{2}{5} + \frac{3}{5} = \boxed{} = \boxed{}$

分数的减法

准 备

桌上有2盘意式千层面，雅各布把其中1盘的 $\dfrac{2}{9}$ 放进了饭盒。

还剩多少盘意式千层面？

举 例

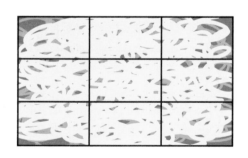 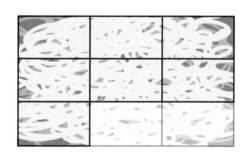

$1 = \dfrac{9}{9}$

方法1

$$2 - \dfrac{2}{9} = 1\dfrac{9}{9} - \dfrac{2}{9}$$

$$= 1\dfrac{7}{9}$$

还剩 $1\dfrac{7}{9}$ 盘意式千层面。

方法2

$$2 - \dfrac{2}{9} = \dfrac{18}{9} - \dfrac{2}{9}$$

$$= \dfrac{16}{9}$$

$$\dfrac{16}{9} = 1\dfrac{7}{9}$$

1 减一减，填一填。将最终结果以带分数的形式写出来。

(1)

$$2 - \frac{1}{5} = 1\frac{5}{5} - \frac{1}{5} = \boxed{}$$

(2)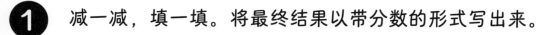

$$3 - \frac{3}{7} = 2\frac{7}{7} - \frac{3}{7} = \boxed{}$$

(3) $8 - \frac{5}{9} = 7\frac{9}{9} - \frac{5}{9} = \boxed{}$

(4) $4 - \frac{1}{3} = \boxed{} - \boxed{} = \boxed{}$

2 算一算并化简。

(1) $4 - \frac{4}{10} = 3\frac{10}{10} - \frac{4}{10} = \boxed{}$

(2) $7 - \frac{6}{8} = 6\frac{8}{8} - \frac{6}{8} = \boxed{}$

3 减一减，将最终结果以带分数的形式写出来。

(1) $2 - \frac{4}{5} = \frac{10}{5} - \frac{4}{5}$

$\quad = \frac{6}{5}$

$\quad = \boxed{}$

(2) $3 - \frac{5}{7} = \frac{21}{7} - \frac{5}{7}$

$\quad = \boxed{}$

$\quad = \boxed{}$

分数的加减法

准 备

艾略特拿了一些比萨放到桌子上（如图所示）。鲁比拿走了其中的 $\frac{3}{5}$。艾略特还剩多少个比萨？

举 例

求出艾略特一开始有多少个比萨。

1

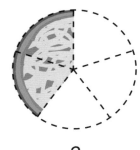

$\frac{2}{5}$

$1 + \frac{2}{5} = 1\frac{2}{5}$

艾略特一开始有 $1\frac{2}{5}$ 个比萨。

求出鲁比拿走了 $\frac{3}{5}$ 个披萨后艾略特还剩多少比萨。

1

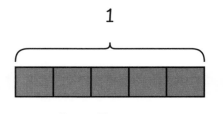

$\frac{2}{5}$

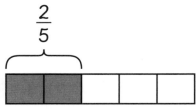

$1 = \frac{5}{5}$

用 $1\frac{2}{5}$ 减 $\frac{3}{5}$。

$$1\frac{2}{5} - \frac{3}{5} = \frac{7}{5} - \frac{3}{5}$$
$$= \frac{4}{5}$$

艾略特还剩 $\frac{4}{5}$ 个比萨。

1 有 $1\frac{1}{5}$ 个意大利香肠比萨和 $\frac{2}{5}$ 个芝士比萨。

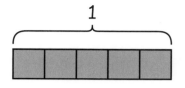 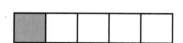 

如果雅各布吃了 $\frac{4}{5}$ 个比萨，还剩多少个比萨？

$1\frac{1}{5}$ 和 $\frac{2}{5}$ 相加。

$1\frac{1}{5} + \frac{2}{5} =$ ☐

首先求出一开始比萨的总数量。

$1\frac{3}{5}$ 减 $\frac{4}{5}$。

$1\frac{3}{5} - \frac{4}{5} = \frac{8}{5} - \frac{4}{5} =$ ☐

从总数中减去雅各布吃的比萨数量。

2 艾玛有 $\frac{4}{7}$ 升橙汁和 $\frac{6}{7}$ 升苹果汁。
她用 $\frac{5}{7}$ 升果汁做奶昔。
艾玛做完奶昔后还剩多少升果汁？

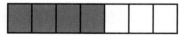 

求出果汁的总数量。

$\frac{4}{7} + \frac{6}{7} =$ ☐

从果汁总数量中减去 $\frac{5}{7}$ 升。

☐ $- \frac{5}{7} =$ ☐

艾玛做完奶昔后还剩 ☐ 升果汁。

用分数表示长度

准 备

雅各布和朋友们去骑行，全程16千米。30分钟后，他们已经骑了总路程的 $\frac{1}{4}$。

他们还需要骑行多少千米骑完全程？

举 例

骑行全程16千米，需要求出16的四分之一。

可以做除法来求。每份是4千米。

$16 \div 4 = 4$

如果把16分成4等份，每份是多少？

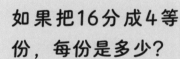

$$\frac{1}{4} \qquad \frac{3}{4}$$

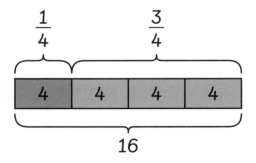

雅各布和朋友们还需要再骑12千米。

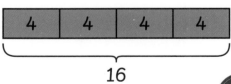

他们还需要骑行16千米的 $\frac{3}{4}$。16的 $\frac{3}{4}$ 是12。

20

1 1米等于1 000毫米。

$\frac{3}{4}$ 米相当于多少毫米？

$\frac{3}{4}$ 米相当于 ☐ 毫米。

2 货车司机下班后开车回家。开了24千米后，他已经走了回家路程的 $\frac{1}{5}$ 。

24

他又开了剩下路程的一半，然后停下来加油。货车司机还需要开多少千米才能到家？

货车司机还需要开 ☐ 千米才能到家。

分数和整数

准备

萨姆有一打鸡蛋。他用了这些鸡蛋的 $\frac{1}{4}$ 做早餐。

萨姆还剩几个鸡蛋？

举例

一打鸡蛋是12个。

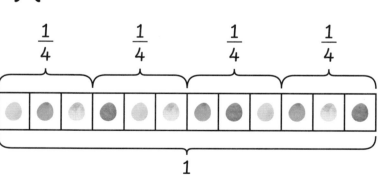

$\frac{1}{4}$ $\frac{1}{4}$ $\frac{1}{4}$ $\frac{1}{4}$

1

12个鸡蛋的 $\frac{1}{4}$ 是3个鸡蛋。萨姆用了3个鸡蛋做早餐。

$12 - 3 = 9$

萨姆还剩9个鸡蛋。

22

1 霍莉和表妹从商店里买回来一盒20块装的巧克力。她们吃了这些巧克力的 $\frac{1}{5}$，还剩多少块巧克力？

还剩 ☐ 块巧克力。

2 查尔斯周日从商店买了15个苹果。接下来的第一周，他吃了苹果的 $\frac{1}{3}$ 。

（1）查尔斯在第一周吃了多少个苹果？

查尔斯在第一周吃了 ☐ 个苹果。

（2）第二周，查尔斯吃了剩下的苹果的 $\frac{1}{2}$ 。第二周后还剩多少个苹果？

第二周后还剩 ☐ 个苹果。

十分之几的认识和书写

准 备

农民伯伯有2块大小相等的田地。他犁了一整块地，又犁了第二块地的一部分。

如何描述农民伯伯所犁地的数量呢？

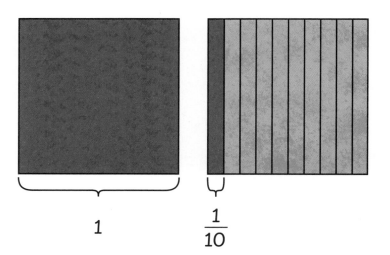

1　　$\frac{1}{10}$

举 例

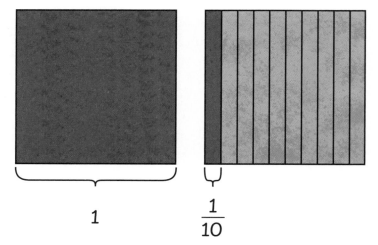

1　　$\frac{1}{10}$

$\frac{1}{10}$ 读作十分之一

可以把 $\frac{1}{10}$ 写成0.1。

0.1读作零点一。

1是0.1的十倍。

农民伯伯犁了 $1\frac{1}{10}$ 或1.1块地。

0.1叫小数，点叫小数点。

24

$\dfrac{3}{10} = 0.3$

十分之三

$\dfrac{7}{10} = 0.7$

十分之七

练 习

写出阴影部分所示的小数。

 = 1

1

十分之四 = $\dfrac{4}{10}$ = ⬜

2

十分之 ⬜ = ⬜ = ⬜

3

十分之 ⬜ = ⬜ = ⬜

百分之几的认识和书写

准 备

图中最下方的阴影部分代表什么？

举 例

1被分成100等份时，每份都是一百分之一。

= 1

百分之一 = $\frac{1}{100}$

写成小数是0.01。

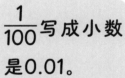

$\frac{1}{100}$ 写成小数是0.01。

= 1

百分之十 = $\frac{10}{100}$ = 0.1

阴影部分代表 $\frac{10}{100}$ 或0.1。

练 习

写出阴影部分所表示的小数。

= 1

> 这个条形有100个相等的部分。

❶

百分之三 = $\dfrac{\boxed{}}{100}$ = $\boxed{}$

❷

百分之十九 = $\dfrac{\boxed{}}{\boxed{}}$ = $\boxed{}$

❸

百分之三十一 = $\dfrac{\boxed{}}{\boxed{}}$ = $\boxed{}$

小数的十分位和百分位

准备

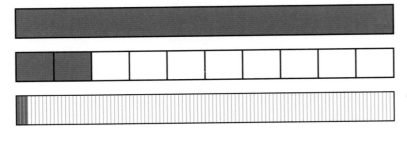

这个条形被分为100个相等的部分。其中3块被涂上了阴影。

阴影部分的总量是多少？

举例

用 **0.1** 和 **0.01** 表示十分之几和百分之几。

= 0.2

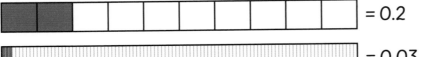 = 0.03

	0.1 0.1	0.01 0.01 0.01

个位	十分位	百分位
0	2	3

十分之二 + 百分之三 = 百分之二十三。

十分位上的2代表 $\frac{2}{10}$。

百分位上的3代表 $\frac{3}{100}$。

0.23可以看作百分之二十三。

$\frac{23}{100}$ 写成小数是0.23。

十分之二等于百分之二十。

用 **1** , **0.1** 和 **0.01** 表示个位、十分位和百分位。

▬▬▬▬▬ = 1	**1** . **0.1** **0.1** **0.01** **0.01** **0.01**

| | = 0.2 |

| | = 0.03 |

个位	十分位	百分位
1	2	3

$1\dfrac{23}{100}$ 写成小数是1.23。

1.23读作一点二三。

1.23

$$\begin{array}{ccccc} 0 & 0.5 & 1 & & 1.5 \end{array}$$

阴影部分的总量是1.23。

练习

1 下列数字中的7分别代表什么？

(1) 0.71 _____

(2) 0.37 _____

(3) 1.97 _____

(4) 7.25 _____

(5) 12.37 _____

(6) 76.19 _____

2 数字8代表 _____ 。

数字5代表 _____ 。

数字4代表 _____ 。

个位	十分位	百分位
5	8	4

比较小数的大小 并排序

准备

露露和拉维各自用卡片组成一个数。要求露露组成较小的数，拉维组成较大的数。

他们能组成哪些数呢？

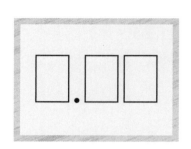

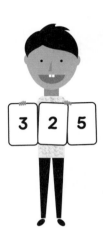

举例

 组成

| 2 | . | 3 | 5 |

个位	十分位	百分位
2	3	5

2.35 < 5.23

2.35 是较小的数。

5.23 是较大的数。

 组成

| 5 | . | 2 | 3 |

个位	十分位	百分位
5	2	3

比较5.23和5.32。

个位	十分位	百分位
5 .	2	3

个位	十分位	百分位
5 .	3	2

5.23 = 5 个一 + 23 个百分之一
5.32 = 5 个一 + 32 个百分之一

两个数个位是相同的，
再比较百分位。

百分之二十三小于
百分之三十二。

5.23 小于 5.32
5.23 < 5.32

练 习

1 哪个数字更大？

(1) 0.43 或 0.34？

0.1 0.1 0.1 0.1 0.01 0.01 0.01
0.1 0.1 0.1 0.01 0.01 0.01 0.01

(2) 0.58 或 0.85？

(3) 0.65 或 0.59？

(4) 1.28 或 0.78？

(5) 2.67 或 2.76？

2 将下列数字按从小到大排序。

(1) 0.34, 0.43, 0.38

☐ , ☐ , ☐

最小  最大

(2) 3.45, 4.35, 3.54

☐ , ☐ , ☐

最小 ⟶ 最大

小数的四舍五入

准备

| 1.9千克 | 4.2千克 | 6.5千克 |

估算每件物品的质量，四舍五入到最接近的千克数。

举例

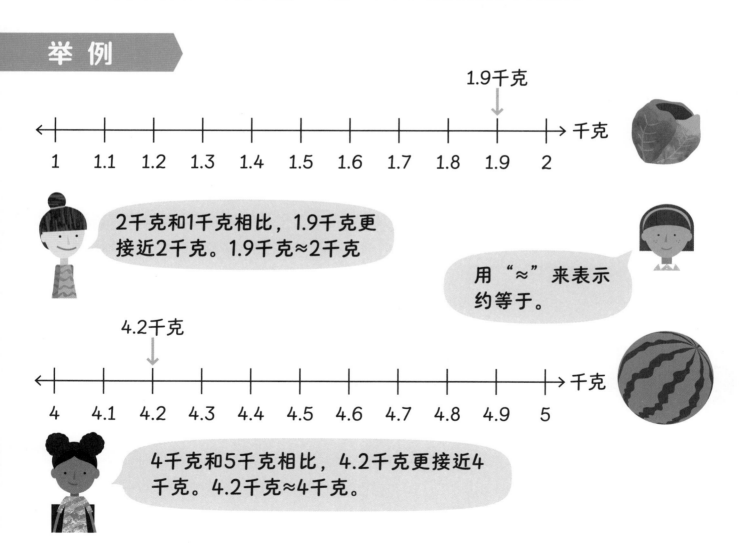

1.9千克

1　1.1　1.2　1.3　1.4　1.5　1.6　1.7　1.8　1.9　2　　千克

2千克和1千克相比，1.9千克更接近2千克。1.9千克≈2千克

用"≈"来表示约等于。

4.2千克

4　4.1　4.2　4.3　4.4　4.5　4.6　4.7　4.8　4.9　5　　千克

4千克和5千克相比，4.2千克更接近4千克。4.2千克≈4千克。

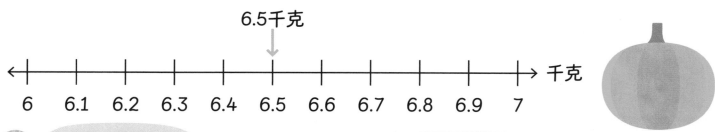

6.5千克

6 6.1 6.2 6.3 6.4 6.5 6.6 6.7 6.8 6.9 7 千克

6.5千克≈7千克

6.5千克恰好在6千克和7千克的中间，四舍五入到7千克。

1 四舍五入到最接近的厘米数。

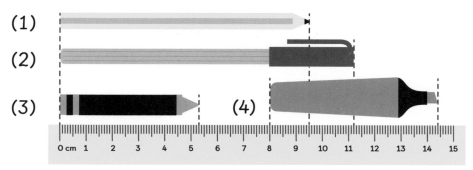

(1) 9.5厘米 ≈ ⬜ 厘米   (2) 11.2厘米 ≈ ⬜ 厘米

(3) 5.3厘米 ≈ ⬜ 厘米   (4) 6.4厘米 ≈ ⬜ 厘米

2 估算这2个箱子的总质量，四舍五入到最接近的千克数。

21.3千克

24.6千克

21.3 千克 ≈ ⬜   24.6 千克 ≈ ⬜

⬜ 千克 + ⬜ 千克 = ⬜ 千克

这两个箱子的总质量约为 ⬜ 千克。

分数写成小数

准备

查尔斯该怎么把 $\frac{1}{2}$ 写成小数？

举例

$\frac{1}{2} = 5$个十分之一

$\frac{1}{2} = 0.5$

查尔斯将 $\frac{1}{2}$ 写作0.5。

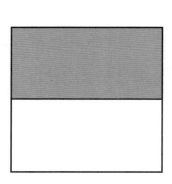

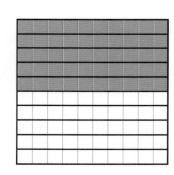

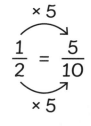

$$\frac{1}{2} = \frac{5}{10} \quad (\times 5)$$

将 $\frac{1}{4}$ 也写成小数。

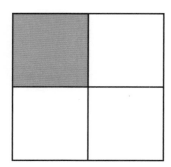

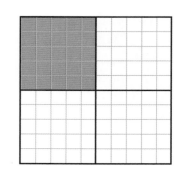

$$\frac{1}{4} = \frac{25}{100} \quad (\times 25)$$

$\frac{1}{4} = 25$个百分之一

$\frac{1}{4} = 0.25$

再将 $\frac{3}{4}$ 写成小数。

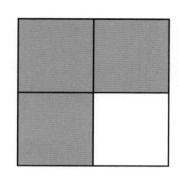 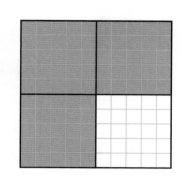

$$\times 25$$
$$\frac{3}{4} = \frac{75}{100}$$
$$\times 25$$

$\frac{3}{4} = 75$ 个百分之一

$\frac{3}{4} = 0.75$

练 习

填一填。

1 (1) $\frac{1}{5} = \dfrac{\boxed{}}{10} = \boxed{}$ 个十分之一 $= \boxed{}$

(2) $\frac{2}{5} = \dfrac{\boxed{}}{10} = \boxed{}$ 个十分之一 $= \boxed{}$

(3) $\frac{4}{5} = \dfrac{\boxed{}}{10} = \boxed{}$ 个十分之一 $= \boxed{}$

2 (1) $\frac{1}{2} = \dfrac{\boxed{}}{100} = \boxed{}$ 个百分之一 $= \boxed{}$

(2) $\frac{1}{4} = \dfrac{\boxed{}}{100} = \boxed{}$ 个百分之一 $= \boxed{}$

(3) $\frac{3}{4} = \dfrac{\boxed{}}{100} = \boxed{}$ 个百分之一 $= \boxed{}$

10做除数

阿丽亚老师要把4张美术纸剪开，然后把相等大小的美术纸放到教室的10张桌子上。

阿丽亚老师将会在每张桌子上放多少张美术纸？

举 例

用10除4。

每张纸被分成10等份。

每张桌子上有 $\frac{4}{10}$ 张纸。

$4 \div 10 = \frac{4}{10}$

$\qquad = 0.4$

阿丽亚老师将会在每张桌子上放0.4张美术纸。

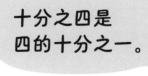

十分之四是四的十分之一。

如果阿丽亚老师要剪24张美术纸呢？

用10除24。

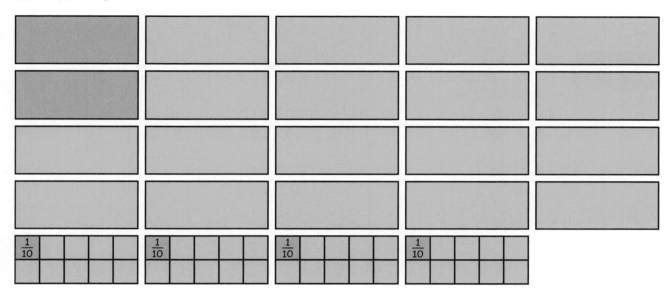

24 = 20 + 4

十位	个位	十分位
2	4	

÷10 ↓

十位	个位	十分位
	2	4

每张桌子上将会有2.4张美术纸。

$20 \div 10 = 2$
$4 \div 10 = 0.4$
$24 \div 10 = 2.4$

当一个数字除以10的时候，数值缩小10倍。

 练 习

除一除。

1 $7 \div 10 =$ ☐

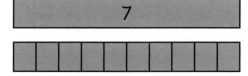
7

2 $63 \div 10 =$ ☐

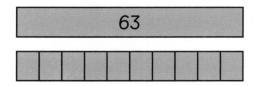
63

100做除数

准 备

拉维要将两盘大块太妃糖进行切割，然后把相同数量的小块太妃糖放入100袋什锦糖果中。

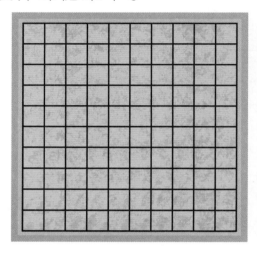 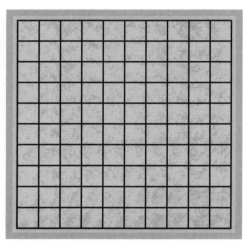

拉维在每袋什锦糖果中放入了多少太妃糖？

举 例

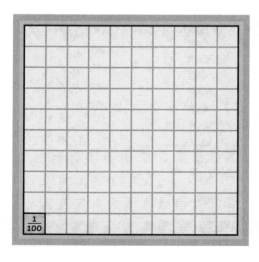 

每小块太妃糖是一盘大块太妃糖的百分之一。

2 ÷ 100 = 2 个百分之一
　　　　 = 0.02

38

个位	十分位	百分位
2 .		

÷ 100 ↓

个位	十分位	百分位
0 .	0	2

百分之二是2的百分之一。

当数字2从个位移到百分位时，数值缩小100倍。

拉维在每袋什锦糖果中放入了0.02盘太妃糖。

练 习

1 填一填。

(1) 4 ÷ 100 = ☐ 个百分之一

= ☐

(2) 9 ÷ 100 = ☐ 个百分之一

= ☐

(3) 23 ÷ 100 = ☐ 个十分之一 ☐ 个百分之一

= ☐

2 除一除。

(1) 5 ÷ 10 = 0.5

5 ÷ 100 = ☐

(2) 9 ÷ 10 = 0.9

9 ÷ 100 = ☐

(3) 20 ÷ 100 = 0.2

3 ÷ 100 = 0.03

23 ÷ 100 = ☐

(4) 40 ÷ 100 = 0.4

7 ÷ 100 = 0.07

47 ÷ 100 = ☐

回顾与挑战

1 填一填。

(1)

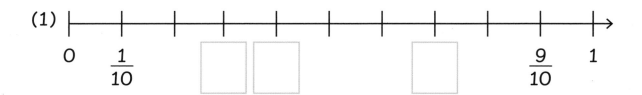

(2)

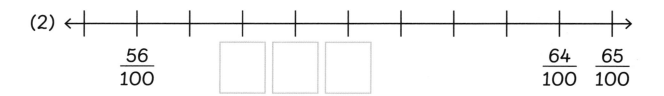

2 把下列数字写在数线上，第一个已标出。

(1) $1\frac{5}{8}$, $2\frac{3}{8}$, $\frac{1}{4}$, $1\frac{3}{4}$, $2\frac{1}{2}$

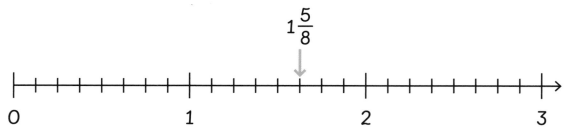

(2) $\frac{3}{10}$, $1\frac{1}{5}$, $1\frac{1}{2}$, $\frac{4}{5}$

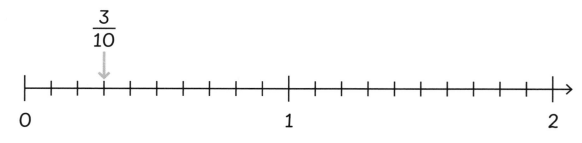

3 求等值分数。

(1) $\dfrac{1}{5} = \dfrac{\boxed{}}{10} = \dfrac{3}{15} = \dfrac{\boxed{}}{20}$

(2) $\dfrac{5}{6} = \dfrac{\boxed{}}{12} = \dfrac{15}{\boxed{}} = \dfrac{\boxed{}}{30}$

(3) $\dfrac{7}{10} = \dfrac{\boxed{}}{40} = \dfrac{49}{\boxed{}} = \dfrac{\boxed{}}{100}$

4 做加法，并将最终结果化简。

(1) $\dfrac{4}{8} + \dfrac{5}{8} = \boxed{} + \boxed{} = \boxed{}$

(2) $1\dfrac{5}{9} + \dfrac{6}{9} = \boxed{} + \boxed{} = \boxed{}$

5 做减法，并将最终结果化简。

(1) $1 - \dfrac{5}{9} = \boxed{} - \boxed{} = \boxed{}$

(2) $2\dfrac{2}{5} - \dfrac{4}{5} = \boxed{} - \boxed{} = \boxed{}$

6 鲁比有一个4升的容器，装满了水。她用其中 $\frac{1}{4}$ 升水装满了一个玻璃杯，鲁比的水能倒满多少个玻璃杯？

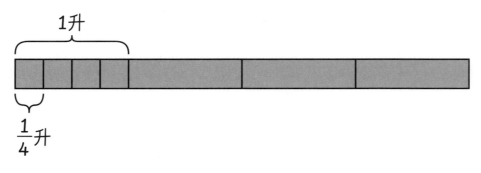

鲁比能倒满 ☐ 个玻璃杯。

7 在位值表中写出对应的小数，并填空。

(1) **1** **1** **1** 0.1 0.1

个位	十分位

3 个一 + 2 个十分之一 = ☐ 个十分之一

(2) 0.1 0.1 0.1 0.1 0.1
0.01 0.01 0.01

个位	十分位	百分位

5个十分之一 + 3个百分之一 = ☐ 个百分之一

写成小数是 ☐

8 填一填。

3.79

(1) 数字 ☐ 代表 $\frac{7}{10}$。

(2) 数字 ☐ 在百分位上。

(3) 数字3在 ☐ 上

9 将下列数字按从小到大排序。

(1) 0.54, 0.55, 0.45

☐ , ☐ , ☐

最小 ⟶ 最大

(2) 6.54, 5.64, 6.45

☐ , ☐ , ☐

最小 ⟶ 最大

10 将下列质量四舍五入至最接近的千克数。.

(1)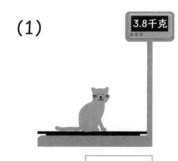

3.8千克

3.8千克 ≈ ☐ 千克

(2)

5.3千克

5.3千克 ≈ ☐ 千克

(3)

13.5千克

13.5千克 ≈ ☐ 千克

11 连一连。

| 0.47 ● | ● $2\frac{1}{10}$ |

| 3.19 ● | ● $6\frac{71}{100}$ |

| 2.1 ● | ● $\frac{47}{100}$ |

| 6.71 ● | ● $3\frac{19}{100}$ |

| 9.03 ● | ● $6\frac{7}{10}$ |

| 6.7 ● | ● $9\frac{3}{100}$ |

12 将下列测量值写成小数。

(1) $3\frac{1}{2}$ 千克 = ☐ 千克

(2) $5\frac{1}{4}$ 米 = ☐ 米

(3) $2\frac{3}{4}$ 米 = ☐ 米

(4) $4\frac{3}{4}$ 千克 = ☐ 千克

⑬ 萨姆拥有的漫画书的数量是霍莉的 $\frac{1}{2}$。

霍莉拥有的漫画书的数量是露露的 $\frac{3}{4}$。

如果露露有24本漫画书，那么这3个小朋友一共有多少本漫画书？

这3个小朋友一共有 ☐ 本漫画书。

⑭ 把下列质量四舍五入至最接近的千克数，然后估算这三个行李箱的总质量。

这三个行李箱的总质量约为 ☐ 千克。

参考答案

第 5 页　1 (1) $\frac{9}{100}$ (2) $\frac{43}{100}$ (3) $\frac{79}{100}$　2 $\frac{13}{100}$ $\frac{14}{100}$ $\boxed{\frac{15}{100}}$ $\frac{16}{100}$　$\frac{19}{100}$　$\boxed{\frac{22}{100}}$ $\boxed{\frac{23}{100}}$

第 8 页　1 $3+\frac{1}{6}=3\frac{1}{6}$。　一共有 $3\frac{1}{6}$ 块布朗尼蛋糕。

2 $6+\frac{1}{5}=6\frac{1}{5}$。　一共有 $6\frac{1}{5}$ 行邮票。

第 9 页　3 (1) $2+\frac{1}{4}=2\frac{1}{4}$。 二加四分之一等于二又四分之一。

(2) $1+\frac{3}{10}=1\frac{3}{10}$。　一加十分之三等于一又十分之三。

(3) $4+\frac{2}{3}=4\frac{2}{3}$。　四加三分之二等于四又三分之二。

第 11 页　1 $\frac{1}{7}=\frac{2}{14}=\frac{3}{21}$　2 $\frac{2}{7}=\frac{4}{14}=\frac{6}{21}$　3 $\frac{3}{10}=\frac{9}{30}=\frac{12}{40}$　4 $\frac{5}{9}=\frac{25}{45}=\frac{50}{90}$

第 12 页　1 (1) $1\frac{4}{8}=1\frac{1}{2}$ (2) $2\frac{3}{9}=2\frac{1}{3}$　2 (1) $\frac{6}{8}=\frac{3}{4}$ (2) $\frac{8}{10}=\frac{4}{5}$ (3) $\frac{10}{12}=\frac{5}{6}$ (4) $3\frac{6}{9}=3\frac{2}{3}$ (5) $7\frac{4}{10}=7\frac{2}{5}$

(6) $9\frac{9}{12}=9\frac{3}{4}$

第 15 页　1 (1) $\frac{3}{8}+\frac{4}{8}=\frac{7}{8}$ (2) $\frac{5}{6}+\frac{5}{6}=1\frac{4}{6}$　2 (1) $\frac{2}{7}+\frac{1}{7}=\frac{3}{7}$ (2) $\frac{2}{5}+\frac{3}{5}=\frac{5}{5}=1$

第 17 页　1 (1) $2-\frac{1}{5}=1\frac{5}{5}-\frac{1}{5}=1\frac{4}{5}$ (2) $3-\frac{3}{7}=2\frac{7}{7}-\frac{3}{7}=2\frac{4}{7}$ (3) $8-\frac{5}{9}=7\frac{9}{9}-\frac{5}{9}=7\frac{4}{9}$

(4) $4-\frac{1}{3}=3\frac{3}{3}-\frac{1}{3}=3\frac{2}{3}$　2 (1) $4-\frac{4}{10}=3\frac{10}{10}-\frac{4}{10}=3\frac{3}{5}$ (2) $7-\frac{6}{8}=6\frac{8}{8}-\frac{6}{8}=6\frac{1}{4}$

3 (1) $2-\frac{4}{5}=\frac{10}{5}-\frac{4}{5}=\frac{6}{5}=1\frac{1}{5}$ (2) $3-\frac{5}{7}=\frac{21}{7}-\frac{5}{7}=\frac{16}{7}=2\frac{2}{7}$

第 19 页　1 $1\frac{1}{5}+\frac{2}{5}=1\frac{3}{5}$, $1\frac{3}{5}-\frac{4}{5}=\frac{8}{5}-\frac{4}{5}=\frac{4}{5}$　2 $\frac{4}{7}+\frac{6}{7}=\frac{10}{7}$, $\frac{10}{7}-\frac{5}{7}=\frac{5}{7}$。艾玛做完奶昔后还剩 $\frac{5}{7}$ 升果汁。

第 21 页　1 $\frac{3}{4}$ 米相当于750毫米。2 货车司机还需要开 48 千米才能到家。

第 23 页　1 还剩16块巧克力。　2 (1) 查尔斯在第一周吃了5个苹果。
(2) 第二周后还剩5个苹果。

第 25 页　1 十分之四 $=\frac{4}{10}=0.4$　2 十分之八 $=\frac{8}{10}=0.8$　3 十分之九 $=\frac{9}{10}=0.9$

第 27 页　1 百分之三 $=\frac{3}{100}=0.03$　2 百分之十九 $=\frac{19}{100}=0.19$

3 百分之三十一 $=\frac{31}{100}=0.31$

第 29 页　**1** (1) 7 个十分之一　(2) 7 个百分之一　(3) 7 个百分之一　(4) 7 个一　(5) 7 个百分之一　(6) 7 个十

2 (1) 数字8代表8个十分之一。数字5代表5个一。数字4代表4个百分之一。

第 31 页　**1** (1) 0.43　(2) 0.85　(3) 0.65　(4) 1.28　(5) 2.76　**2** (1) 0.34, 0.38, 0.43　(2) 3.45, 3.54, 4.35

第 33 页　**1** (1) 9.5厘米 ≈ 10厘米　(2) 11.2厘米 ≈ 11厘米　(3) 5.3厘米 ≈ 5厘米　(4) 6.4厘米 ≈ 6厘米

　　　　　2 21.3千克 ≈ 21千克, 24.6千克 ≈ 25千克, 21千克 + 25千克 = 46千克。这两个箱子的总质量约为 46千克。

第 35 页　**1** (1) $\frac{1}{5} = \frac{2}{10} = 2$ 个十分之一 $= 0.2$　(2) $\frac{2}{5} = \frac{4}{10} = 4$ 个十分之一 $= 0.4$　(3) $\frac{4}{5} = \frac{8}{10} = 8$ 个十分之一 $= 0.8$

　　　　　2 (1) $\frac{1}{2} = \frac{50}{100} = 50$ 个百分之一 $= 0.5$　(2) $\frac{1}{4} = \frac{25}{100} = 25$ 个百分之一 $= 0.25$

　　　　　(3) $\frac{3}{4} = \frac{75}{100} = 75$ 个百分之一 $= 0.75$

第 37 页　**1** $7 ÷ 10 = 0.7$　**2** $63 ÷ 10 = 6.3$

第 39 页　**1** (1) $4 ÷ 100 = 4$ 个百分之一 $= 0.04$　(2) $9 ÷ 100 = 9$ 个百分之一 $= 0.09$

　　　　　(3) $23 ÷ 100 = 2$ 个十分之一 3 个百分之一 $= 0.23$

　　　　　2 (1) $5 ÷ 100 = 0.05$　(2) $9 ÷ 100 = 0.09$　(3) $23 ÷ 100 = 0.23$　(4) $47 ÷ 100 = 0.47$

第 40 页　**1** (1)

(2)

　　　　　2 (1)

(2)

第 41 页　**3** (1) $\frac{1}{5} = \frac{2}{10} = \frac{3}{15} = \frac{4}{20}$　(2) $\frac{5}{6} = \frac{10}{12} = \frac{15}{18} = \frac{25}{30}$　(3) $\frac{7}{10} = \frac{28}{40} = \frac{49}{70} = \frac{70}{100}$　**4** (1) $\frac{4}{8} + \frac{5}{8} = 1 + \frac{1}{8} = 1\frac{1}{8}$

　　　　　(2) $1\frac{5}{9} + \frac{6}{9} = 1 + \frac{11}{9} = 2\frac{2}{9}$　**5** (1) $1 - \frac{5}{9} = \frac{9}{9} - \frac{5}{9} = \frac{4}{9}$　(2) $2\frac{2}{5} - \frac{4}{5} = 1\frac{7}{5} - \frac{4}{5} = 1\frac{3}{5}$

第 42 页　**6** 鲁比能倒满16个玻璃杯。　**7** (1)

个位	十分位
3	2

3 个一 + 2 个十分之一 = 32 个十分之一

　　　　　(2)

个位	十分位	百分位
0	5	3

5个十分之一 + 3 个百分之一 = 53 个百分之一 写成小数是 0.53

第 43 页　**8** (1) 数字7代表 $\frac{7}{10}$。　(2) 数字9在百分位上。

(3) 数字3在百分位上。　**9 (1)** 0.45, 0.54, 0.55　**(2)** 5.64, 6.45, 6.54

10 (1) 3.8千克 ≈ 4千克　**(2)** 5.3千克 ≈ 5千克　**(3)** 13.5千克 ≈ 14千克

第 44 页　**11**

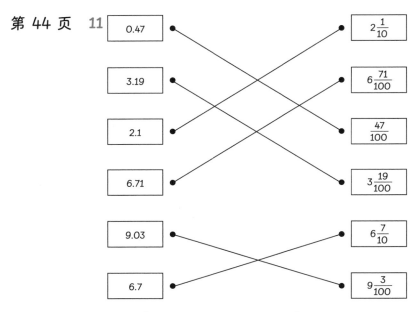

12 (1) $3\frac{1}{2}$ 千克 = 3.5千克　**(2)** $5\frac{1}{4}$ 米 = 5.25米　**(3)** $2\frac{3}{4}$ 米 = 2.75米　**(4)** $4\frac{3}{4}$ 千克 = 4.75千克

第 45 页　**13** 这 3 个小朋友一共有51本漫画书。　**14** 这三个行李箱的总质量约为42千克。